Administra[illegible] Tiempo

Cómo Organizar tu Tiempo y Maximizar tus Resultados en el Trabajo, Estudios, Desarrollo Personal o Cualquier Otra Área de tu Vida

JAMES BRION

MPO

TABLA DE CONTENIDO

INTRODUCCIÓN

Si le preguntas a 10 personas por qué no son capaces de hacer lo que se proponen, probablemente te dirán que es porque se distraen fácilmente o tienden a procrastinar tanto como pueden. El mundo en el que vivimos hoy en día es muy diferente al de hace 100 años, cuando era fácil encerrarse en una habitación y escribir una novela en pocos días o sentar las bases de un nuevo invento potencialmente revolucionario.

En la actualidad, hay un continuo atasco mental (o en algunos casos, estancamiento) en el que vivimos como si estuviéramos todo el tiempo en la hora pico, y que irónicamente surge de algunos de los inventos más espectaculares y laboriosos que han definido los tiempos modernos.

Eres muy consciente del problema: las distracciones interminables, las interrupciones constantes, los pitidos que suenan frecuentemente, los mensajes de texto, los sentimientos de estrés y frustración recurrentes cada que intentas hacer varias tareas a la vez, y la sobrecarga de información a menudo nos dejan con la llamada parálisis del análisis. Las mentes creativas son aún más susceptibles y sensibles a todo esto. Esta es la realidad en la que mucha gente vive y que ha llegado a aceptar como la norma.

Por fortuna, es posible recuperar todo ese control que hemos cedido. Cualquiera puede aprender a manejar mejor su tiempo y a no rendirse con cada distracción.

Podemos aprender a manejar lo que hemos creado, y ser más productivos, acabar con la procrastinación, y alcanzar las metas que nos hemos propuesto para salir de este círculo vicioso.

Este libro fue escrito como una guía que te ayudará a lograr exactamente esto. Aprenderás a estar mejor enfocado, a tener un horario productivo que se adapte perfectamente a tu vida, a poner fin a las distracciones y, en última instancia, a hacer más trabajo del que te creías capaz en el menor tiempo posible. Cualquiera puede empezar a aplicar estos consejos cuando se sienta atascado o improductivo.

Gracias por leer. ¡Espero que disfrutes del viaje!

CAPÍTULO 1: EMPEZAR EL DÍA CON EL PIE DERECHO

Seamos honestos: las mañanas son el momento del día más odiado por la gente. Algunos de nosotros las odiamos con pasión. Despertar temprano, apurarte para arreglarte, tomar el transporte público hasta tu oficina o manejar en el tráfico, la vergüenza de llegar tarde al trabajo… Nada de eso hace que nos entusiasme mucho la idea de la mañana.

Sin embargo, puedes transformar tus mañanas y hacerlas la parte más importante de tus días; después de todo, son ellas las que determinan el tono con el que navegarás el resto de tus horas despierto. ¡Veamos cómo podemos darles a las mañanas un efecto positivo de bola de nieve para mejorar nuestro humor y productividad!

Sé madrugador

Incluso si detestas despertar al amanecer, despertar temprano te hará sentir mucho mejor que si optaras por "posponer" tu alarma unos 15 minutos más. Date el tiempo suficiente para completar tu rutina por las mañanas sin ninguna prisa, y llegarás al trabajo sintiéndote mucho más confiado y positivo en tu día. Hacer las cosas con calma y sin prisa te dejará con más energía para cumplir con tus pendientes y tareas en el trabajo. En ocasiones, incluso levantarte 10 minutos más temprano puede hacer una gran diferencia en la calidad de tu día, mientras que diez minutos más en la cama no te harán sentir más descansado.

Ten "una hora de inspiración"

Como ya sabemos, es difícil mantener la motivación para siempre, así que es importante ejercitarla seguido.

De hecho, muchas personas exitosas y de alto rendimiento son conscientes de ello, y es por eso que dedican tiempo en su día a incrementar sus suministros de motivación. Las personas se ven más inclinadas a continuar trabajando en sus metas y tareas si se sienten inspiradas o emocionalmente motivadas. Puedes pasar 15-30 minutos cada mañana escuchando anécdotas inspiradoras, o citas, o incluso leyendo sobre la vida de personas exitosas que han logrado grandes cosas en sus vidas.

La importancia de la gratitud

Podemos incrementar nuestros niveles de felicidad al ser más agradecidos por las cosas que ya tenemos en la vida. Esto es algo que casi nunca hacemos, y es otra de las cosas que las personas exitosas sí suelen hacer. Al enumerar las cosas por las que te sientes agradecido, eventualmente adoptarás una actitud más positiva hacia la vida, que a su vez te ayudará a sentirte inspirado para mejorar tu perspectiva.

Cada mañana (o antes de dormir), intenta escribir al menos una cosa por la que te sientas agradecido. No importa qué tan grande o pequeña sea.

Ponte en movimiento

Pasa tus primeros minutos despierto ejercitándote y quemarás más calorías durante el desayuno, además de que estimularás a tu cuerpo y a tus células grises para trabajar más arduamente durante el día. Si no te gusta salir a correr o hacer una sesión completa de yoga a primera hora de la mañana, reserva unos 10 o 15 minutos extra para caminar al trabajo si normalmente conduces tu coche o tomas el autobús. Eso es todo lo que necesitas para poner tu corazón en movimiento y que libere los químicos que te darán energía para el resto del día.

Toma una ducha

Tal vez prefieres bañarte por las noches para ahorrarte algo de tiempo por la mañana, pero un baño rápido (sobre todo con agua fría) después de salir de la cama se llevará consigo la sensación de adormilamiento y te ayudará a darle la bienvenida al nuevo día sintiéndote fresco y listo para lo que sea que este traiga consigo. Usa un gel de baño de menta o cítricos para hacer la experiencia más placentera, y para sentirte fresco por horas.

Empieza ligero

El desayuno es sin lugar a duda la comida más importante del día, pero no te excedas en las calorías o te dejará sintiendo adormilado en lugar de energizado. Elige alimentos como avena o fruta para empezar bien la mañana y para producir el antojo de comida saludable conforme pase el día.

Debes encontrar el balance perfecto: muy pocas calorías te harán sentir cansado y hambriento antes del almuerzo, así que selecciona sabiamente las cantidades y tipo de comida.

Mantente tranquilo

Tal vez seas una persona ruidosa y extrovertida, pero mantenerte calmado por unos momentos durante la mañana es una gran manera de organizar tus pensamientos y crear un plan de acción para el día. Estar en silencio y concentrado por unos minutos te dará más energía para completar tus pendientes en casa y en el trabajo. Sabrás qué es lo que tienes que hacer y lo enfrentarás con la cabeza en alto, en lugar de pasar tu día confundido y sin un plan.

Hazte una pregunta importante

Cada que despiertes, pregúntate a ti mismo: "Si fuera el último día de mi vida, ¿aún así haría lo que estoy a punto de hacer?"

Puede que esta pregunta sea demasiado contundente, pero ha sido el mantra de muchas personas exitosas. Si respondes "no" por varias semanas, entonces es tiempo de cambiar algunas cosas en tu vida. Nunca sabes cuándo tendrás otra oportunidad para hacerlo.

Habla con tu pareja

Si tu pareja se despierta a una hora similar, podrían separar unos minutos cada mañana para hablar sobre sus planes, metas, finanzas y actividades divertidas que disfrutan juntos.

Incluso pueden usar un día a la semana como una cita de desayuno. Reconectarte con tu pareja asegurará que tengas más energía y concentración durante el día.

Conéctate con tus hijos

Para aquellos con hijos, podrían usar las mañanas cuando por lo general hay menos estrés en la mente de todos para conectarte con ellos y hablar sobre lo que les gustaría lograr. Puedes hacer esto mientras los ayudas a vestirse o mientras desayunan. Recuerda no priorizar el trabajo por encima de la familia. Como resultado de ello, te sentirás más energizado y menos estresado.

Despeja tu mente

Muchas enfermedades están principalmente asociadas con el estrés, así que sería buena idea que priorices un tiempo para desestresarte a primera hora del día.

La meditación puede ser una manera excelente de hacerlo. También podrías recitar mantras que te hagan sentir empoderado mientras preparas el desayuno o te bañas.

Haz un plan de tu día

Muchas personas exitosas saben la importancia de planear y hacer estrategias para sus días durante la mañana. Si no te tomas al menos 5-10 minutos cada día para planear la dirección que quieres tomar, ¿cómo sabrás si estás progresando para cumplir tus metas?

Trata de tomarte algunos minutos en la mañana para visualizar lo que quieres lograr, revisar tus pendientes, y programar algunos descansos aquí y allá. Esto ayudará a hacer de tu día algo mucho más manejable.

Hay otros pequeños pasos que puedes tomar para empezar el día de buen humor y con la energía suficiente para encarar y superar lo que sea que la vida te ponga de frente. Tal vez una taza de café negro, o una bocanada de aire fresco es lo que necesitas para empezar bien tu día. Tal vez sea un abrazo de tu pareja o desayunar con tus hijos. Vale la pena probar cualquier cosa que te ponga de buen humor y que energice tu cuerpo y mente. ¡Crea una mañana feliz y productiva para tener un día feliz y productivo!

Otra gran opción es tener un ritual por las mañanas.

Un ritual por la mañana es una promesa especial que te haces a ti mismo y que procuras mantener. Haces un compromiso contigo mismo para alimentar tu confianza y tus capacidades. De hecho, tu ritual se convierte en un puente entre tu ser y los retos a los que vayas a enfrentarte durante el día.

Consiéntete de vez en cuando y de buena forma. Llena tus mañanas de actividades que te impacten y que validen quién eres, y que te recuerden cómo quieres vivir tu vida. Este cimiento diario te proporciona la paz interior y la concentración que podrán sostenerte cuando las cosas se pongan difíciles. Por supuesto, este ritual tiene que ser perfecto para ti y nadie más, y debes tomarlo como una exploración única y continua de lo que mejor funciona para ti.

Puedes usar el siguiente ejercicio de completar la frase para identificar tus necesidades y preferencias individuales. Luego, puedes usar esta información para crear un ritual personalizado para ti:

Tu ritual por la mañana te ayuda a pasar del sueño y adormilamiento a un estado alerta y completamente despierto.

"Lo que más me cuesta trabajo al despertar y levantarme es________."

Tu ritual de transición personal podría incluir despertar con música optimista, estiramientos de yoga, tu video de baile favorito, o simplemente una buena taza de té o café.

Tu ritual por la mañana puede empujarte a revertir los efectos de "levantarte del lado equivocado de la cama".

"Mi día va mejor si empiezo con__________."

Pruebas técnicas como dejar que tus pensamientos tomen forma libremente mientras escribes en un diario, secuencias de T'ai Chi, pasar un rato con tu mascota, o leer algo que te inspire.

Tu ritual por la mañana te prepara para darle la bienvenida al día.

“Si tuviera un poco más de tiempo por la mañana, lo usaría para ______”.

Considera anotar tus intenciones para el siguiente día, detallar tus listas de pendientes, programar tu almuerzo en una olla de cocimiento lento, o hacer tiempo para comprar un postre por la tarde. Cualquier cosa que te ayude a anclarte y centrarte funciona. ¿Puedes reservar diez o quince minutos para esta actividad? ¡Perfecto! Trata de programar una sola actividad y ve cómo enriquece tu día.

¿Alguna vez te has preguntado la diferencia entre un ritual y una rutina? Las rutinas por lo general se sienten monótonas y obligatorias; te hacen atravesar una parte del día.

Por el otro lado, los rituales te hacen sentir enraizado en el momento presente, y te ayudan a energizar tu mente y cuerpo.

Si frecuentemente te sientes poco apreciado, ¿por qué no usar un ritual que valide activamente lo que haces y quién eres?

Cuando te involucras en un ritual con el suficiente compromiso, el tiempo se convierte en un recipiente especial para tu ritual y tus decisiones te darán más satisfacción. ¿Por qué no aprovechar entonces este potencial?

Presta atención a lo que tu ritual por la mañana añade al resto de tu día. Experimenta y observa los resultados. Al comprometerte a este nivel contigo mismo, lo más probable es que experimentes más gratitud, más resiliencia y más confianza en ti mismo, sin importar los retos a los que te enfrentes.

No subestimes los efectos de tener un ritual por la mañana: puede que te brinde frutos toda la vida.

CAPÍTULO 2: ¿POR QUÉ ES TAN IMPORTANTE LA BUENA ADMINISTRACIÓN DE TU TIEMPO?

La administración del tiempo es el proceso de coordinación de tareas y actividades para incrementar la efectividad de nuestros esfuerzos. Básicamente, nos permite completar más y mejor trabajo en menos tiempo.

Está constituida por varios elementos, tales como organización, planeación y programación para hacer un mejor uso del tiempo que tienes disponible. Los beneficios de una buena administración del tiempo pueden disfrutarse tanto en tu vida profesional como personal.

Es difícil no ver la importancia de una buena administración del tiempo. En primer lugar, no podemos cambiar la cantidad de tiempo que hay en un día.

No importa los malabares que hagamos con nuestras actividades, el día solo tiene 24 horas.

Esto nos da un tiempo limitado para trabajar durante el año; de hecho, uno podría decir que a pesar de las diferentes oportunidades en la vida, todos contamos en principio con la misma cantidad de tiempo, así que lo único que podemos hacer con él es alterar la forma en que lo usamos. Una vez seas consciente de esto, sabes que desperdiciar el tiempo conlleva a un desperdicio de trabajo, proyecto, o incluso de la vida misma.

¿Quién lo necesita?

Esta es una pregunta muy subjetiva y uno tiene que analizar sus propias necesidades con mucho cuidado. Aquí hay algunos escenarios en los que una buena administración del tiempo resulta útil:

- Si con frecuencia te descubres distrayéndote o procrastinando, podrías beneficiarte de aprender técnicas de administración de tiempo.

- Si piensas que estás quedándote atrás en comparación de tus colegas o compañeros que producen resultados significativamente mayores a los tuyos.

- Si tus niveles de productividad han decaído cuando los comparas con tus niveles de productividad en el pasado.

-Si descubres que pasas demasiado tiempo trabajando, y tienes muy poco tiempo para tu familia.

-También te podrías beneficiar de la administración del tiempo si tu trabajo te causa una cantidad extrema de estrés y ansiedad.

Por supuesto, hay casos en los que ni la mejor administración del tiempo podrá ayudar. Por ejemplo, algunos trabajadores pueden estar verdaderamente sobrecargados con tareas. Para ellos, ni todo el tiempo del mundo bastaría para completarlas. La administración del tiempo es un concepto que te permite usar tu tiempo de forma eficiente, no crear más de él. El día siempre tendrá 24 horas, no importa lo detallados que sean tus planes. Dicho lo anterior, una administración del tiempo efectiva puede duplicar tu productividad en 50% menos tiempo.

¿Cuáles son los métodos más usados?

La administración del tiempo, como se señaló antes, tendrá variaciones de persona a persona.

Algunas simplemente necesitan analizar su día laboral y eliminar algunas actividades, mientras otras necesitarán hacer un análisis a profundidad de cada una de sus actividades, para ver los procesos que podrían ser mejorados. La administración del tiempo también implica el uso de herramientas y software, tales como alarmas, programas de calendario, listas de pendientes, entre otros.

También necesitarás analizar tu propio progreso y hacer cambios para tus técnicas de manejo del tiempo. Este es un proceso en el que la perfección no puede alcanzarse, pero siempre hay espacio para mejorar.

Lo fabuloso de la administración del tiempo es que es extremadamente adaptable a las necesidades y estilos de vida de cada individuo.

¿Cuáles son algunas formas rápidas en las que pueden aplicarse estas técnicas?

Si bien "administración del tiempo" puede sonar a un concepto sofisticado, lo cierto es que fácilmente pueden cultivarse sus beneficios al seguir algunas técnicas simples. Para iniciar, puedes hacer más eficiente el tiempo dedicado a un día laboral al eliminar el tiempo dedicado a tareas personales. Seguramente todos tenemos hábitos como revisar nuestros mensajes, bandeja de entrada y redes sociales cada 10 minutos. Actividades como estas deben ser eliminadas o mantenidas al mínimo.

Otra forma en la que un concepto simple de administración del tiempo puede ser aplicado es preparando una lista de pendientes antes de empezar la jornada laboral cada mañana.

Las tareas que requieren prioridad necesitarán de tu atención inmediata, mientras que las menos importantes tendrán que esperar hasta el final del día. De esta forma, al menos podrás terminar las tareas más importantes ese mismo día, incluso si suceden contratiempos que te imposibilitan completar las demás.

Muchas personas son conscientes del hecho de que el trabajo debe ser completado a tiempo. De hecho, si no puedes completar las tareas requeridas para tu día laboral, entonces es probable que necesites una mejor administración del tiempo. Es bastante común. Muchas personas no contemplan eso como una posible solución, pero ciertamente lo deberían hacer. Tener una meta es esencial.

De cualquier modo, tener una estrategia orientada por metas que haga un uso eficaz y eficiente de tu tiempo te traerá éxito sin importar cómo lo mires. No hay nada que podamos hacer sobre el tiempo en sí mismo; este seguirá transcurriendo como siempre. Lo que sí podemos cambiar es la forma en que encaramos nuestras tareas y pendientes.

Tu tiempo importante inicia ahora

Todos sabemos que usualmente tenemos más de 20 cosas que completar en un día, aunque no sepamos con exactitud cómo encajarán en nuestro horario tan apretado. Seguramente ya has escuchado la frase "el tiempo es dinero". Ya sea que pensemos en nuestro tiempo con un signo de dinero o no, no podemos escapar el hecho de que el tiempo es una de las posesiones más preciadas que tenemos los seres humanos.

Tal vez ya hayas experimentado tener que correr contra el reloj para enviar tu artículo de investigación en la fecha límite, o para llegar a la oficina o escuela a tiempo. El tiempo es en verdad algo muy preciado para nosotros; ni siquiera el dinero puede comprarlo. El tiempo es imparable; cada segundo, minuto y hora transcurre como siempre. Por ello es que, si bien no hay forma de ser dueños del tiempo, lo mejor que podemos hacer es utilizarlo de forma eficiente.

Son muchas las cosas que podemos hacer en un día. Sin embargo, probablemente te preguntes por qué y cómo 24 horas pueden pasar tan rápido. El tiempo corre, y corre de prisa. Se nos dan 24 horas en el día, ni una más y ni una menos. Como el tiempo es imparable, la responsabilidad recae en cómo y por qué lo usamos.

Si estás listo para sentirte inspirado, aquí hay alguna de las razones por las que la administración del tiempo es crucial en nuestras vidas:

- **Logra más con menos esfuerzo.** Si piensas que eres perezoso y no te gusta trabajar horas extra o trabajar en casa, la administración del tiempo puede de hecho ayudarte a ser más "perezoso". Cuando aprendes a controlar tu tiempo, eres capaz de lograr más esforzándote menos. Empezarás a completar tareas y pendientes en un abrir y cerrar de ojos, y mucho más rápido de lo que te imaginaste.

- **Mejora tu capacidad de toma de decisiones.** Después de aplicar algunos principios de administración del tiempo en tu vida, descubrirás un efecto secundario positivo: empezarás a tomar mejores decisiones.

Cuando nos sentimos presionados por el tiempo y tenemos que tomar una decisión rápidamente, tendemos a saltar a la primera opción que se nos cruza por la mente sin considerar todas las consecuencias de ello. Al usar efectivamente nuestro tiempo, nos veremos aliviados de la presión y estrés que sentimos al quedarnos sin tiempo.

De manera inevitable, nos sentiremos más tranquilos y en control de cualquier situación. Cuando es tiempo de tomar una decisión, en lugar de apresurarte a tomar una, serás capaz de considerar las posibles consecuencias y las probabilidades de tomar una mala decisión serán minimizadas.

-**Más éxito en tu carrera o negocio.** Las personas exitosas también son maestras de la administración de su tiempo. Esta es una habilidad clave para el éxito. Nos ayuda a mantener el control sobre nuestras vidas, en lugar de seguir la corriente y el ritmo de otros.

Conforme hagas mejor uso de tu tiempo, serás capaz de tener más logros en un día, y te sentirás con mejor control de tu vida. Las personas notarán esto rápidamente, y se abrirán más puertas para ti.

-Menos estrés. Tener buenas habilidades de administración del tiempo incluso impactará en tu salud física y bienestar mental. Cuando no tenemos el control de nuestro tiempo, es fácil sentirnos estresados y agobiados. Cuando esto pasa, es difícil saber cuánto tiempo nos tomará completar una tarea. Pero cuando tu vida está en orden y tienes el control, ya no serás víctima del estrés y la ansiedad. No solo será bueno para tu salud, sino que tendrás un mejor panorama de tus capacidades y límites. Estimarás mejor cuánto tiempo te tomará completar un pendiente, y serás capaz de cumplir con las fechas límite.

-Más acceso a tiempo libre. No hay forma de evitarlo: todos necesitamos tiempo para relajarnos. Por desgracia, casi nunca tenemos el tiempo suficiente para hacerlo. Ya sea por nuestros trabajos, familias o demás responsabilidades, muchos adultos tienen dificultades para encontrar incluso 30 minutos para hacer algo que disfrutan. Tener buenas habilidades de administración del tiempo te permitirá encontrar el tiempo para ello.

Cuando estés trabajando, completarás más pendientes en menos tiempo. Esto te ayudará a acumular ese tiempo extra que después puedes utilizar para tus pasatiempos y para relajarte.

-**Mejorará tu autodisciplina.** La autodisciplina y las habilidades de manejo del tiempo están conectadas. Cuando practicas los métodos de administración del tiempo, dejas poco espacio para las distracciones y la procrastinación. Conforme practiques esto, mejor será tu autodisciplina.

Incluso las personas que carecen de la disciplina suficiente encontrarán que estos métodos tienen un impacto positivo en otras áreas de sus vidas.

Lo mejor que puedes hacer para cumplir con tus metas es tomar cartas en el asunto ahora mismo.

Sin un sistema de administración de tiempo efectivo, no tendrás un estilo de vida orientado por metas del cual puedas disfrutar.

Entender que puedes volver la administración efectiva de tu tiempo un hábito es un primer paso; el siguiente es empezar a implementar los métodos y técnicas y darle seguimiento a tu proceso. Así que deja de poner excusas y comienza a trabajar para cumplir con tus metas.

CAPÍTULO 3: LOS MITOS MÁS COMUNES SOBRE LA ADMINISTRACIÓN DEL TIEMPO

Todos hemos escuchado algunos mitos sobre la administración del tiempo, y muchos los creen. Estos mitos influyen en nuestros pensamientos, y por lo tanto en nuestras acciones y en nuestra mentalidad.

Es hora de echar un vistazo a algunos de los mitos más comunes sobre administración del tiempo, el trabajo y la productividad.

1. Mientras más sudes, más éxito tendrás. No dejes de trabajar. El genio es 1% inspiración, 99% transpiración.

El trabajo arduo y el éxito están relacionados, pero no es el único camino que podemos seguir para cumplir nuestras metas, y raramente es el mejor. A menudo sobrestimamos el valor del trabajo duro. Es mejor tener una estrategia clara de cómo usar nuestro tiempo de manera eficiente, para que seamos capaces de ser más productivos sin tener que pasar más horas al día trabajando en ello.

2. Actividad significa productividad.

- No confundas actividad con resultados. Como podemos medir la actividad, esa medición se convierte en un fin en sí mismo. Podemos superar esto fijando metas y enfocándonos en ellas. La actividad debe ser el medio para llegar a un fin.

3. Eficiencia significa efectividad.

- Lo cierto es que la efectividad debe preceder a la eficiencia.

4. Trabaja hasta muy tarde.

- Los resultados no son necesariamente proporcionales al tiempo utilizado para lograr una meta. La vida necesita equilibrio. Largas horas de trabajo crean procrastinación (el efecto de "puedo terminarlo después").

5. La mejor forma de completar un trabajo es haciéndolo tú mismo.

- Eres una sola persona, y las demandas sobre tu tiempo son casi infinitas.

- ¿Acaso eres experto en todos los temas? Sé consciente de tus límites y pide ayuda a otros cuando sea necesario.

6. El trabajo no es divertido.

- Desde la infancia, se nos enseña que el trabajo es un mal necesario, así que cargamos con ese prejuicio por el resto de nuestras vidas. Es importante cambiar esa mentalidad y hacer algo para que tu trabajo sea más disfrutable para ti y otros. Si a menudo despiertas temiendo el nuevo día que empieza, es probable que debas hacer algunos cambios serios en tu vida.

7. Solo hay una forma correcta de hacer las cosas.

- Desde muy pequeños se nos enseña a buscar "la" solución o hacer las cosas de la forma "correcta".

- Una escoba es definitivamente mejor que una mano para limpiar, pero no tan buena como una aspiradora.

- Existen por lo menos dos formas de hacer bien algo.

8. Trabajamos mejor bajo presión.

- Esta es una defensa de la procrastinación y no es más que una ilusión. La presión nos hace mucho menos efectivos. Cometemos más errores sin tiempo para corregirlos.

- Nada es tan fácil como parece.

- Todo toma más tiempo del que esperas.

Desecha estas falsas creencias. Los pensamientos irracionales deben ser derribados conscientemente antes de que podamos eliminarlos de nuestras vidas.

Toma algunos pasos activos para reemplazarlos con un pensamiento positivo racional y disfrutar los resultados.

9. Programar demasiadas cosas para un día es esencial para la productividad.

Si bien agendar actividades es una herramienta invaluable para tomar mejor control de tu tiempo, fácilmente podemos caer en la trampa de hacer demasiadas cosas y como resultado dejar poco tiempo para el trabajo en sí mismo. No pases horas tratando de hacer un horario perfecto y deja espacio para la flexibilidad. Siempre podrás hacer una revisión posterior.

CAPÍTULO 4: CÓMO CREAR UN HORARIO (CASI) PERFECTO

Cuando se trata de crear un horario, la gente por lo general cae en dos trampas: o agenda demasiadas actividades, o son demasiado minimalistas.

En el caso de los primeros, los calendarios terminan pareciendo pinturas barrocas. Muchas veces hay dos o más actividades que se traslapan, y terminas con docenas de recordatorios todos los días. Cada minuto está planeado; desde que despiertas hasta que te vuelves a ir a la cama.

Los minimalistas pecan de hacer lo contrario, y solo programan uno o dos eventos todos los días.

En sus calendarios hay mucho espacio en blanco, así que parece que están libres por largos períodos de tiempo.

No es difícil ver por qué ambos extremos fallan en términos de productividad a largo plazo. Los primeros no dejan nada de tiempo para sí mismos, y eso les hace creer que están en mejor control de sus vidas. Otra cuestión relacionada con sobreagendar tu calendario es que si un evento o tarea toma más tiempo del contemplado, arruina el horario para el resto del día. El "agendador" minimalista está simplemente viviendo en un mundo de fantasía.

Un horario diario puede ayudarte a retomar el control de tu vida y a lograr tus metas en menos tiempo. Saber lo que estás haciendo empodera, y tu vida estará llena de significado y propósito.

Echemos un vistazo a cómo los emprendedores más exitosos, las mentes creativas y los grandes pensadores construyen sus horarios diarios.

Emular esto nos proporcionará métodos comprobados que funcionan para la mayoría de la gente.

Enlista todas tus tareas del día

El primer paso es hacer una lista de todo lo que necesitas hacer en el día. No te preocupes por organizar la lista ahora; este es el momento para hacer una lluvia de ideas y no para crear la lista final. Escribe todas las cosas que haces en el día, y también las que deberías hacer pero no haces. Divídelas entre las tareas que ya haces y funcionan para ti, y las tareas que necesitas agregar a tu rutina diaria.

Si no se te ocurren cosas que podrías agregar, hazte las siguientes preguntas:

-¿Cuáles son las tareas que debes completar para terminar tu trabajo?

-(Si tienes hijos) ¿Qué tareas necesitas para lograr que tus hijos vayan a la escuela/a otras actividades?

-¿Qué diligencias importantes necesitas hacer día con día?

-¿Qué tareas relacionadas con tu salud necesitas completar?

-¿Qué tareas relacionadas con la organización y mantenimiento de tu casa necesitas completar?

Crea "soportes" para las tareas más importantes del día

Un consejo muy popular para la productividad es "tragarse a la rana", es decir, hacer primero las tareas más difíciles por la mañana, y lo es por una buena razón: en las mañanas tenemos menos distracciones y estamos más concentrados; también hace que el resto del día se sienta más leve. Las personas más exitosas no empiezan su día con distracciones o detonantes emocionales, como revisar los correos electrónicos, redes sociales, etc.

Al elaborar tu horario diario, asegúrate de reservar un tiempo para las tareas más difíciles o importantes antes de hacer cualquier otra cosa.

Además de que tus niveles de energía son naturalmente más altos por las mañanas, completar una tarea difícil tendrá un poderoso "efecto dominó" que te ayudará a encarar el resto de tu día.

Asegúrate de que un compromiso recurrente sea lo primero que completes en las mañanas, para que puedas empezar tus días con intención o propósito. Incluso si no logras hacer mucho más por alguna razón, habrás completado algo significativo en tu día que tendrá beneficios a largo plazo.

Elaborar el horario

Cuando elabores tu horario, es importante que evalúes tus niveles de energía.

Como se señaló previamente, es probable que trabajes mejor por las mañanas porque tu concentración y energía tienden a disminuir conforme transcurren las horas. Con eso en mente, tienes que organizar tus mañanas para que seas capaz de "cruzar la puerta" que en sí misma es de las partes más difíciles del día. Es importante hacerlo rápido y utilizar la mañana para las tareas que requieren de más capacidad cerebral.

Para el mediodía, parte de tu energía y concentración se verá disminuida, así que es mejor usar este tiempo para hacer tareas administrativas o rutinarias que no necesiten demasiada reflexión. Esta es la mejor parte del día para responder correos electrónicos, agendar citas y hacer diligencias.

Las noches pueden ser usadas para relajarte y prepararte para el día siguiente.

Evita usar más de una herramienta o un solo lugar para organizarte y crear tu horario para el día

Organizar tu día utilizando distintos aparatos o programas puede ser muy poco productivo y caótico. Es más importante que te asegures de agendar todos tus pendientes y tus citas en un solo lugar, en lugar de usar distintos calendarios, aplicaciones y libretas.

Al tener que recurrir a un solo calendario, te ahorrarás tiempo todos los días y también te asegurarás de no perder ni agendar eventos dobles.

Protege tu tiempo

Probablemente te estés preguntando cómo acomodar pendientes, citas o eventos que cortan y desequilibran tu día. Un buen horario protege tu tiempo de esto.

Así que trata de implementar procesos que te ayuden a mantener tus tiempos dentro de lo contemplado.

La mayoría de las personas utilizan 30 o 60 minutos al día para citas o reuniones; 30 si es una cita rápida, o 60 si tomará más tiempo. Esto por lo general contribuye al desperdicio de tiempo. Lo primero que debes hacer para proteger tu tiempo es reducir el dedicado a las reuniones a 15 minutos.

Dile a la persona que solicite más tiempo si lo cree necesario. Esto es conveniente porque hace que tanto tú como el organizador de la reunión sean responsables de elegir cuánto tiempo van a necesitar.

Relájate por las noches

Muchas personas exitosas trabajan muchas horas, pero la mayoría reserva las noches para recargar sus baterías.

¿Qué es lo que dice la ciencia sobre lo que puede ayudar a relajarte después de un día de trabajo? Si bien puede ser tentador agarrar el control de la televisión o tu laptop, las actividades que reducirán tu estrés son aquellas que te hacen interactuar con tus amigos o hacer actividades no pasivas. Ejercitarte, hacer deporte, leer, escuchar música, salir a caminar, meditar, o un pasatiempo creativo como tocar un instrumento, pintar, jardinería, etc., son mucho mejores que salir de compras, apostar, beber alcohol, comer, navegar por Internet, entre otras.

Además de eso, es importante que te acuestes temprano a dormir. Las personas de alto rendimiento saben lo mucho que el sueño puede afectar su humor y sus niveles de energía. Además, no puedes hacer trampa y tomar pastillas de dormir y esperar efectos positivos. La pérdida de sueño equivale a pérdida de capacidad cerebral. La falta de sueño afecta el pensamiento y la creatividad. Al no dormir lo suficiente, le haces daño a tu memoria funcional, a tu concentración, energía, humor, habilidades cuantitativas y a tu capacidad para pensar lógicamente.

Prueba tu horario

Una vez que tengas todo listo, haz una prueba durante 8 o 15 días. ¿Cómo te sientes? ¿Agendaste tareas y eventos en los tiempos en que tenía sentido hacerlos? ¿Tuviste que hacer muchos ajustes?

No es necesario cambiar todo tu horario, pero si descubres que tienes que mover eventos o pendientes, tal vez sea mejor comenzar a planear desde cero.

Descubre qué método funciona mejor para ti

Por desgracia, no existe un solo método que funcione para todas las personas. Muchas de estas recomendaciones serán útiles para la mayoría de la gente, pero en algunos casos, tendrás que experimentar para descubrir lo que mejor funcione para ti. No tengas miedo de probar algunas técnicas nuevas para ver qué te es útil y que no. Si tu calendario es difícil de navegar, se te hará más difícil mantener tu horario bien organizado.

Además, recuerda no entrar en pánico si las cosas no resultan como las planeaste.

La gente suele pensar que todo lo que necesitan para tener éxito en el día es un horario bien organizado, pero la realidad es que muchas cosas pueden alterar nuestros planes, así que es importante que no te estreses demasiado. Saber lidiar con eventos inesperados también es parte de una buena administración del tiempo.

Si has establecido una estructura sólida para tus días, cuando ocurra lo inesperado te será más fácil lidiar con ello. Preocuparte sin hacer nada al respecto simplemente reducirá aún más el preciado tiempo de tu horario.

CAPÍTULO 5: PROGRAMAR TU TIEMPO CUANDO TRABAJAS DESDE CASA

Trabajar desde casa es una gran opción para aquellos que quieren ahorrarse tiempo y dinero. Puedes hacer las cosas que quieras sin tener que depender del permiso de tu jefe. Sin embargo, para tener éxito con este formato, necesitas estar bien preparado. No es suficiente con tener herramientas esenciales como un teléfono, una computadora conectada a Internet y un escritorio y silla cómoda. Estas herramientas son inútiles si no sabes cómo programar tu tiempo y hacer las cosas que necesitas hacer, sin sucumbir ante las distracciones típicas que encontramos en casa. Aquí hay algunos consejos prácticos que te ayudarán a incrementar tu productividad cuando trabajes desde casa:

-**Dile a otros sobre cómo estarás trabajando.** No importa si tienes el horario perfecto para trabajar desde casa si tu familia y amigos te están interrumpiendo constantemente. Las interrupciones son uno de los principales asesinos de la productividad, así que es importante que seas proactivo y le digas a otros sobre tus horarios. Hazles saber cuándo estarás trabajando para que no seas interrumpido, así como las excepciones cuando puedan hacerlo.

También podrías ayudarte de señales visuales; por ejemplo, si cierras tu puerta, dile a tu familia que esto significa que no deben interrumpirte. Cuando hagas tareas más flexibles que no requieran de mucha concentración, puedes dejar tu puerta abierta. Lo importante es no asumir que la gente automáticamente entenderá que trabajar desde casa es de hecho un reto y algo demandante. Ayúdalos siendo claros con ellos.

-**No tengas piedad cuando establezcas límites.** Es extremadamente difícil concentrarse en una tarea por más de 90-120 minutos. Después de ese tiempo, necesitamos tomar descansos para recargar nuestra energía y regresar a nuestras actividades. Tomando esto en consideración, es buena idea que dividas tu jornada laboral en ventanas de 60 a 90 minutos. En lugar de pensar en una jornada completa de entre 7 a 10 horas, divídela en muchos segmentos de 60 a 90 minutos. Esto ayudará a que tus tareas sean más manejables, y que no te olvides de tomar algunos descansos.

-Familiarízate con tu horario de trabajo. Prioriza tus tareas y fija fechas y tiempos límite realistas. Sigue esto al pie de la letra para evitar la procrastinación y el desperdicio de tu tiempo. Sin embargo, antes de hacer tu horario, determina si quieres uno fijo o uno que cambie diariamente.

Un horario fijo es por lo general la mejor opción, pues sabrás qué hacer cuando despiertes y no habrá lugar para sorpresas. Serás más productivo si sigues este horario sin importar el día o la fecha. Pero puede que un horario fijo no sea lo más conveniente para aquellas personas con hijos u otras obligaciones. Para estas, es preferible un horario flexible que puedan crear diariamente y cambiar dependiendo de sus pendientes para ese día.

-Determina tus tareas administrativas. Estas son cosas que debes hacer todos los días para mantener tu negocio a flote, por ejemplo, responder correos electrónicos, hablar con los clientes, enviar facturas, etc. Selecciona un período de tiempo en el que te dedicarás exclusivamente a estas tareas, para que no tengas que interrumpir tu trabajo por ellas.

-**Haz espacio para interrupciones en tu horario diario.** Incluso si las personas con quienes vives son conscientes de tus horarios, esto es algo de lo que no puedes escapar cuando trabajas desde casa.

Puede que seas interrumpido por visitas, una llamada importante, actividades de la escuela o una emergencia. Aprende a lidiar con estos eventos creando un horario flexible. No te preocupes demasiado por un horario ajustado al trabajar desde casa, o no encontrarás tiempo para nada más.

-**Compra una silla cómoda.** Trabajar desde casa por lo general implica pasar cientos de horas sentado frente a una computadora. Casi siempre estamos dispuestos a gastar dinero en una buena laptop o teléfono, pero casi nunca pensamos en el impacto que una buena silla podría tener en nuestra productividad. Como pasamos tanto tiempo sentados, tiene sentido invertir en una silla que sea lo más cómoda y ergonómica posible.

Si no te sientes cómodo sentado frente a tu computadora, te resultará difícil mantener la concentración y ser productivo. No intentes ahorrar dinero y optar por una silla barata e incómoda. Es mejor tener un escritorio barato y una silla increíble.

Recuerda verla como una inversión.

-**Ordena tus pertenencias regularmente.** Te sorprenderá ver que muchas cosas llegan a tu espacio de trabajo. Para muchas personas, tener cosas amontonadas en su oficina en casa implica más distracciones y menos concentración. Intenta limpiar seguido. Es importante que mantengas tu espacio de trabajo limpio y ordenado para que puedas ser productivo.

Al final de cada semana, tómate un tiempo para evaluar tu horario y determinar si está funcionando para ti.

Si necesitas mover algunos pendientes y tareas, hazlo para que tu trabajo resulte ser más ligero y disfrutable. Aprende a jugar con distintos horarios para encontrar el que mejor se ajuste a tu estilo de vida.

CAPÍTULO 6: LA TRAMPA DE LA MULTITAREA

Desde el inicio de la revolución digital, la idea del multitasking o multitarea ha acaparado mucha atención. Se ha vuelto un rasgo deseable, y de hecho el término está ya tan incrustado en el vocabulario del nuevo milenio, que ha dejado de ser parte del lingo especializado en computación, como lo fue alguna vez cuando empezó a implementarse en las computadoras de Microsoft. Si puedes hacer multitasking y hacer muchas cosas a la vez, entonces eres increíble. En estos días, hay tantas prisas en el día a día que el multitasking se ha vuelto parte de la vida cotidiana de la mayoría de la gente. Pero nosotros lo llamamos un mal hábito.

Si bien en su momento fue un invento increíble en el que las computadoras podían ejecutar varias tareas a la vez, y por lo tanto ahorrar mucho tiempo, no sucede lo mismo con los seres humanos.

Algunas personas rebotan de proyecto en proyecto y logran completar todo de forma excelente. Estas personas por lo general son muy buenas organizándose porque pueden hacer un seguimiento mental y completar un número de operaciones. Y si bien a alguna gente le resulta, el hecho es que la mayoría de nosotros no operamos muy bien con ese formato. Muéstrame a un hombre que pueda hacer multitasking y te mostraré a alguien que pueda hacer muchas cosas a la vez. Pero mal. Si tienes que hacer malabares con varias pelotas a la vez y te resbalas, por lo general se te caerán todas y no solo una.

Si has solicitado un nuevo trabajo recientemente, seguro te habrás encontrado con ese horrible requisito: "el solicitante debe ser capaz de manejar varias tareas a la vez". ¿Por qué todos los trabajos demandan esa habilidad? Seguramente es porque el multitasking suena como una habilidad que impresiona.

Después de todo, entre dos candidatos, ¿por qué no contratarías al que puede hacer cuatro cosas a la vez? Eso significa que podría hacer cuatro veces más trabajo, ¿no?

En realidad, probablemente hay como cuatro personas en todo el mundo que pueden hacer el multitasking efectivamente. Para el resto de nosotros, eso significa hacer menos cosas importantes, y hacerlas peor. Después de todo, el multitasking tiende a cambiar el objeto de tu concentración e impide que realmente te enfoques y profundices en tus proyectos.

Esto favorece al trabajo que es abundante mas no importante; todos esos pequeños pendientes que aparecen durante el día y necesitan tu atención, a pesar de que completarlos no parece hacer que progreses.

En cambio, si te concentras en una sola tarea, será más fácil que te enfoques en los proyectos que realmente merecen tu atención y no solo la demandan, logrando así buenos resultados en tu trabajo.

Multitasking es el proceso de completar una tarea mientras estás siendo distraído por muchas otras tareas. El multitasking desequilibra la capacidad de la mente para concentrarse, analizar y concluir. Olvídate sobre el mito de que disminuye tu I.Q. Evidentemente, el proceso implica que descartes cualquier grado de entendimiento profundo y complejo. Si estás completamente dedicado a varias tareas a la vez, entonces estás perpetuamente distraído. El resultado será que o haces varios trabajos de forma deficiente, o terminas haciendo trabajos simples o insignificantes. Así que elige sabiamente.

Así que bien… ¿cómo puedes deshacerte del hábito del multitasking? Antes de desecharlo, necesitas entender que el multitasking NO es más eficiente que hacer una sola tarea a la vez, sino que crea complicaciones y tiende a causar más ansiedad y más errores en tu trabajo. Finalmente, debes ser consciente de que el multitasking simplemente multiplica el caos en una jornada laboral, y NO lo mantiene bajo control.

Una vez hayas caído en cuenta que toda la mitología inspiracional que rodea al multitasking no es más que información errónea, estarás en posición de derrotar el hábito. Cuando dejes de hacerlo, es muy importante que empieces inmediatamente a concentrarte en una sola tarea a la vez. Esto por lo general implica que analices tu flujo de trabajo y hagas lotes de tareas que estén relacionadas entre sí, para que puedas hacer ese trabajo durante los bloques de tiempo que hayas establecido. Esto te permitirá concentrarte en una sola tarea y trabajar con flujo.

Si, por ejemplo, tiendes a devolver una docena de llamadas durante el día, considera hacer las doce de un solo sentón, en lugar de tener que lidiar con interrupciones conforme te llamen. Lo mismo aplica para los correos electrónicos. Revisar tu bandeja de entrada una o dos veces al día es más eficiente que interrumpir tu trabajo para contestar y enviar correos.

Organizar tus distracciones por lotes te permite dedicar más tiempo y atención a completar tus tareas más importantes y que requieren más trabajo mental. Muy seguido, nuestro trabajo más importante es el que requiere toda nuestra atención. Al reservar un tiempo durante el día para hacer este trabajo sin interrupciones y sin intentar completar más tareas, estarás en una mejor posición para mantener tu trabajo y vida hacia una dirección positiva y eficiente.

Cuando podas el césped, no lo podas y al mismo tiempo barres las hojas, ¿o sí? ¿Por qué no? Porque es ineficiente, por no decir imposible.

¿Por qué entonces te es difícil creer que no puedes hacer tu tarea y ver la televisión al mismo tiempo? Era fácil concentrarse solamente en podar el césped. No nos distrajimos y empezamos de pronto a barrer las hojas. Sabíamos exactamente cómo podar el césped, qué tan alto estaba, y cuánto tiempo nos tomaría, pero por desgracia, hay otras tareas que no son así de evidentes y obvias.

A diferencia de podar el césped, muchos de los proyectos más o menos importantes tienen un grado de sofisticación que les permite ser procrastinados. Es difícil dejar el multitasking con esos proyectos porque por lo general su complejidad representa un obstáculo que da pie a la procrastinación, que a su vez resulta en multitasking.

Por lo tanto, el multitasking es un proceso abierto y continuo que interfiere con la realización y terminación de una sola tarea.

Una tarea puede permanecer en tus pendientes por mucho tiempo mientras comienzas otras tareas antes de terminar esa primera. ¿Te suena familiar? La mejor manera de concentrarte es poniéndote límites. Te limitas a una tarea, y estableces cierto momento del día para trabajar en ella. Tienes un tiempo límite para completarla. Finalmente, tienes un número limitado de componentes identificables por completar antes de que el trabajo se considere listo. Al menos esta estrategia, si bien no es única, contrarresta la distracción propiciada por el multitasking.

En resumen, necesitamos contener nuestras tareas y proyectos en pedazos manejables para que podamos canalizar nuestras energías en completarlos… De la mejor forma.

El poder de concentrarse en una sola meta o tarea

Es bastante curioso cómo la mayoría de nosotros nos aproximamos al cambio. Sentimos una sensación general de inquietud que puede manifestarse como ansiedad o estrés. Esta sensación puede durar semanas, meses o incluso años. Luego algo pasa, y puede ser tan insignificante como tener un mal día, y decidimos que necesitamos cambiar toda nuestra vida. Así que examinamos qué es lo que va mal con nuestras vidas y decidimos hacer todos los cambios de una vez por todas.

Hacemos esos cambios, y al principio parecen funcionar: nos sentimos mejor con nosotros mismos, y nuestra calidad de vida comienza a mejorar. Sin embargo, muy rara vez los mantenemos al largo plazo.

Casi siempre tenemos una recaída y tiramos la toalla con todo lo que ya hemos logrado.

El cambio no ocurre en un solo sentón, sino que progresa una cosa a la vez, siempre y cuando en verdad quieras cambiar.

Hacer un cambio significativo a la vez es una gran manera de cambiar tu vida gradualmente. Después de todo, en un año de intentar hacer muchos cambios en un solo sentón, probablemente terminarás sin ninguno. Sin embargo, si te mentalizas para hacer un cambio al mes, probablemente terminarás con una docena de cambios significativos en tu vida.

El primer paso es escribir todas las metas que quieres lograr en el presente. Es probable que de esto resulte una lista algo larga. Ahora vuelve a ver las metas y asegúrate de que todas puedan orientarse por acciones.

Después de todo, "estar más sano" no es una meta muy clara, pero "dejar de comer comida chatarra" sí lo es.

"Estar en una relación sana" es algo ambiguo, mientras que "conocer a alguien nuevo cada semana" puede ser una meta orientada por acciones.

Ahora que ya tienes una lista de metas orientadas por acciones, puedes priorizar esas metas según las que tengan un mayor impacto al largo plazo si las cumplieras al momento. Es conveniente que descubras cuáles de tus metas tienen este efecto dominó sobre tu vida, y decidir a partir de eso en cuál enfocarte primero.

Toma la meta que hayas elegido y concéntrate en ella por 30 días. Este es tiempo suficiente para desarrollar un hábito sin sentir que tiene que ser un cambio permanente o abrumante en tu vida.

Si después de esos 30 días el hábito te sigue pareciendo muy difícil, evalúa su efectividad en tu vida. Si es difícil porque en realidad no es lo que quieres, entonces deséchalo.

Si está resultando positivo pero simplemente es difícil, entonces trabaja en él por 30 días más. Sigue haciendo esto hasta que se convierta en un hábito automático. Después de que se convierta en algo básico y natural para ti, puedes avanzar hacia la siguiente meta de tu lista.

Al tomar estas metas e intentar hacer cambios paso a paso, descubrirás que es más fácil lograr eso que quieres. Puede que no suene tan impresionante decir que estás trabajando en una sola meta, pero al final del año te impresionarás de lo que pudiste lograr con este método.

CAPÍTULO 7: CÓMO DEJAR DE PROCRASTINAR

La procrastinación se refiere al acto de postergar intencional y habitualmente tareas que necesitan ser completadas. Las personas que procrastinan tienen una tendencia a autosabotear sus tareas importantes al hacer otras más triviales. Esto ocurre para mantenerse ocupados y creer que no tienen tiempo de hacer las tareas más importantes y desafiantes. A la larga, esto se convierte en un mal hábito que es muy difícil de dejar, y que afecta los niveles de motivación de una persona.

La gente que procrastina desarrolla sentimientos de culpa y estrés, y sus pilas de trabajo se vuelven urgentes. La procrastinación en sí misma no es un hábito peligroso, pero puede conllevar efectos negativos si no se corta de raíz.

Desorganización

Las personas procrastinadoras tienden a ser desorganizadas, pues descuidan el trabajo urgente para hacer otras tareas. Esto lleva a tener una pila de tareas y pendientes que se vuelven urgentes aunque no sean importantes, y a su vez, el individuo se encuentra en una situación estresante y difícil para poder completarlas, con poco tiempo para dar su mejor esfuerzo. Pronto se encontrará perpetuamente estresado y con sentimientos de culpa al saber que pudo haber completado esas tareas mucho antes de que se volvieran urgentes.

Evasión

Debido al miedo de no poder entregar sus tareas y trabajos antes de las fechas límite, los procrastinadores empiezan a evitar a la gente con quien deben reportarse, o incluso evitan el lugar mismo.

Por ejemplo, tal vez avisen que faltarán al trabajo por enfermedad para evitar tener que explicar por qué no terminaron su proyecto. A menudo, los procrastinadores postergan sus tareas porque creen que no pueden hacerlas correctamente, y prefieren evadir todo lo que esté relacionado con ellas.

La procrastinación es un hábito difícil de identificar en uno mismo e inconscientemente evitamos pensarlo como un problema porque eso implicaría tener que encararlo.

Puede ser un indicador de problemas psicológicos, pues conforme pasa el tiempo, la persona puede desarrollar ansiedad, depresión o incluso déficit de atención.

Echemos un vistazo a las 10 excusas más frecuentes dadas por los procrastinadores.

1. No tengo ganas.

2. Lo haré mañana.

3. Ya casi termino. Solo me tomará unos minutos más.

4. Tengo mucho tiempo antes de la fecha límite.

5. No tengo suficiente tiempo para terminarlo todo.

6. Empezaré el lunes.

7. Empezaré justo después de que _____ (pasee al perro, prepare el almuerzo, vea este capítulo de mi serie favorita…).

8. He estado trabajando muy duro. Me merezco un descanso.

9. Es muy aburrido (muy difícil, muy fácil, muy tarde, muy temprano, muy caro, muy barato, muy frustrante…)

10. No es buen momento.

¿Has puesto alguna de estas excusas? Un ejercicio poderoso para tener más perspectiva sobre tu procrastinación es imaginarte algo que te gustaría hacer, completar, ser o tener. Luego permítete hacer todas las excusas por las que eso es imposible de lograr. Haz una lista con todas estas excusas en papel. En verdad permítete imaginar todas las excusas que darías para procrastinar y no cumplir tu meta.

Enumera tu lista. Luego léela en voz alta y di "Excusa número 1" antes de la primera; "Excusa número 2" después de la segunda, y así sucesivamente. Continúa hasta terminar tu lista. Cuando hayas terminado, di en voz alta "Todas estas son solo excusas. No tengo que hacerles caso. No son ciertas". Y tacha cada una. Luego, la próxima vez que te descubras poniendo una excusa, serás mucho más capaz de reconocerla por lo que es. Cuando te deshagas de las excusas, también te desharás de la procrastinación.

Si este ejercicio no es suficiente, puedes probar estos otros consejos para desechar ese hábito de una vez por todas:

Divide tu trabajo en pequeños fragmentos. Una gran razón por la que tendemos a procrastinar es porque encontramos que el trabajo que nos espera es demasiado abrumador a un nivel subconsciente. Esto tiene una solución muy rápida: divide tus tareas en pequeñas piezas y concéntrate en una tarea a la vez.

Si incluso después de esto te descubres procrastinando, tal vez tengas que dividir esos pedazos en otros aún más pequeños. Debes llegar al punto en el que encuentres que la tarea es demasiado fácil y que es mejor hacerla inmediatamente. Por ejemplo, imagina que tienes que escribir un artículo sobre determinado tema. En ese caso, puedes dividir ese trabajo en las siguientes tareas: investigar información, crear el esquema del artículo, escribir el contenido, leerlo todo para buscar errores, y editarlo.

Ahora completar cada paso se vuelve más plausible y manejable. Una vez que hayas dividido la tarea en partes, evita pensar en las demás y concéntrate en una sola hasta terminarla.

Usa varias fechas límite específicas. Continuando con la recomendación anterior, tener un solo deadline para tu tarea es básicamente una invitación a procrastinar.

Lo que pasa es que nos quedamos con la impresión de que todavía nos queda tiempo y podemos postergarlo todo. Si esto te sucede, después de dividir cada tarea en partes pequeñas, dale a cada una fecha límite específica. De esta manera, podrás tener un flujo de trabajo más claro porque la primera tarea deberá completarse pronto. Debes ser muy estricto con estas fechas límite, porque si no completas la parte de la tarea para hoy, el resto del proyecto sufrirá como resultado. Y esto creará mucha urgencia.

Cambia tu lugar de trabajo. Nuestra productividad se ve fuertemente impactada por factores externos, tales como nuestro entorno. Por ejemplo, si trabajas en el mismo lugar en el que duermes, puede que te sientas somnoliento más seguido. Otros entornos tienen demasiadas distracciones que nos impiden terminar nuestro trabajo. Si sientes que esto está impactando tu productividad, debes considerar seriamente cambiar tu lugar de trabajo.

Deshazte de las distracciones en línea. Algunas distracciones detonan rápidamente nuestra procrastinación. Si te encuentras postergando las cosas con frecuencia, probablemente es porque es demasiado fácil para ti hacerlo. Por ejemplo, muchas personas tienden a pasar mucho tiempo navegando en Internet o viendo videos. Para arreglar esto, puedes identificar los sitios web en los que pasas el mayor tiempo, y bloquearlos o restringir el acceso a ellos.

Otra opción es que no hagas click en los sitios y que simplemente los marques para después. ¿Cuántas veces te ha pasado que estás investigando un tema en línea, haces click en algunos enlaces, y después de lo que parecen ser algunos minutos, terminas investigando algo completamente distinto a lo que tenías que leer? Una vez que empieces a dar clicks y a profundizar en algún tema, puedes perder fácilmente tu concentración y tu energía. Si de verdad sientes mucha curiosidad por un enlace, agrégalo a tus marcadores y luego programa un tiempo para leerlo.

Hay personas que sienten que sus redes sociales les quitan demasiado tiempo, y optan por eliminar sus cuentas. SI bien este es un método que solo debe ser usado en casos extremos, lo cierto es que funciona. Si sientes que eso es lo que necesitas, no tengas miedo de tomar cartas en el asunto.

Convive con aquellos que te inspiran. Muchos de nosotros tenemos amigos, familia o colegas que son procrastinadores profesionales. Pero seguramente también tenemos amigos que completan todo lo que se proponen. Estar rodeado de gente que toma cartas en sus asuntos ayuda a cultivar hábitos de productividad sanos. Podrás adquirir algunos de sus propios rasgos por ósmosis. No es difícil dejar que te inspiren y motiven. Si no tienes amigos o familia con estas cualidades, siempre puedes ver videos o escuchar conferencias de personas exitosas para conseguir un poco de inspiración.

Haz primero la tarea más difícil. Cual sea la tarea que quieras postergar, esa es la tarea que debes hacer primero.

¿Por qué? Porque al hacerla te darás ese impulso de entusiasmo que necesitas para completar las demás. La sensación de éxito que tendrás al completar la tarea más difícil catapultará tu productividad a niveles estratosféricos.

Esto crea un efecto positivo de bola de nieve en el resto de tu día y de tus pendientes.

Crea un sistema de recompensas. Suena genial, ¿no? Pero la mayoría de nosotros no hace esto lo suficiente. Es un incentivo fantástico para darte el impulso de progresar en tus proyectos. Así que crea un sistema de recompensas para ti mismo y te encontrarás mucho más motivado para dar paso por paso, incluso cuando la tarea se ponga difícil.

Pídele a un amigo que te ayude. Tener el apoyo de un amigo hará que el proceso sea más fácil y divertido.

Idealmente, tu amigo debería ser alguien que también esté motivado a cumplir sus propias metas. No es necesario que ambos tengan el mismo proyecto o tarea, pero si ese es el caso, mucho mejor, pues podrán aprender de sí mismos. Sin embargo, la idea principal es hacerse mutuamente responsables.

Si no puedes conseguir a nadie, en su lugar puedes informarle a tus amigos, familia o colegas sobre lo que quieres completar para que ellos puedan dar seguimiento y hacerte sentir responsable. Esto implicará que te pregunten por tus metas y tu progreso cada que te vean.

Otra opción es anunciar tus metas en redes sociales o en tu blog, para que tus lectores puedan preguntarte sobre ellas continuamente.

Deja de intentar ser perfecto. Puede que procrastinemos un proyecto o tarea porque queremos que sea perfecto.

Racionalmente sabemos que nada es perfecto; sin embargo, a veces puede ser difícil encontrar el equilibrio entre hacer algo a la perfección, y no hacerlo en lo absoluto. No esperes más para empezar, ¡comienza justo donde estás y con lo que sea que tengas ahora! Deja atrás tu zona de confort.

En sí mismo, ese es el reto más grande que tenemos que superar.

CAPÍTULO 8: CÓMO MANTENERTE CONCENTRADO

Según un estudio reciente, los humanos tenemos un período de atención de tan solo ocho segundos, que es peor que el de un pez dorado. Nuestros períodos de atención han ido disminuido en los últimos años como resultado de nuestras conexiones digitales. En la era digital, es difícil no estar buscando constantemente la siguiente cosa nueva.

Como consecuencia, nuestra habilidad para concentrarnos se ha visto fuertemente impactada. La realidad es que, sin importar el entorno en el que vivamos, nuestro éxito o fracaso en gran medida depende de que seamos capaces de concentrarnos en las cosas importantes.

Las buenas noticias es que podemos construir nuestra concentración ejercitándola.

Demasiadas personas tienen una actitud pesimista al creer que son incapaces de concentrarse, y se convierte en una profecía autocumplida. Por ello, el primer paso sería cambiar la forma en que vemos la concentración. Una vez que deseches el mito de que la concentración es algo que no puede ser alterado, estarás en el camino correcto para mejorarla.

Recuerda que nuestras habilidades para mantener la concentración van más allá de ser algo que nos conviene mejorar: son un componente esencial de nuestro éxito o fracaso en la vida. Para ser exitoso, debes ser bueno en completar lo que sea que te propongas, y eso es imposible de lograr sin la concentración.

Aquí hay algunas ideas sobre cómo puedes mantenerte concentrado si esta es un área en la que estás teniendo problemas:

1)**Pregúntate a ti mismo: ¿Por qué necesito completar las tareas pendientes?** ¿Te traerá un beneficio, ya sea a largo o corto plazo? Entiende el porqué de la tarea que debes hacer para que puedas concentrarte mejor. Por ejemplo, si estás limpiando un aparato del hogar y no puedes concentrarte, pregúntate a ti mismo por qué necesitas limpiarlo. La respuesta puede variar. Por ejemplo, "me siento más motivado cuando veo la casa limpia", o "tengo invitados mañana y quiero que se sientan cómodos en un espacio bien arreglado". Entonces podrás concentrarte mejor.

2) **Calma a tu cerebro.** Antes de empezar una tarea que requiere tu concentración, intenta calmar a tu cerebro sentándote en una posición relajada y cómoda. Respira profundamente y hacia adentro. No es necesario que hagas una posición de yoga o un canto.

Todo lo que necesitas es que tu cuerpo se calme antes de empezar la tarea.

3) **El poder de la cafeína.** El café no es solo para despertar. Es una excelente manera de mantenerte concentrado. Si necesitas un empujón para tu atención, una taza de café puede ser todo lo que necesitas. Algunos estudios han encontrado que hay una conexión entre la cafeína y la cognición. Aunque el café no mejora tu memoria o tu rendimiento para aprender, en definitiva puede aumentar tu entusiasmo fisiológico y por lo tanto hacerte menos propenso a las distracciones. Por supuesto, la clave está en la moderación. Puede que tengas un bajón de cafeína si tomas demasiado café, y tu concentración sufrirá las consecuencias

4) **Pon música**. No tengas miedo de usar música relajante para ayudar a concentrarte. Si hay demasiado ruido en tu entorno, puedes distraerte fácilmente. La música puede ayudar con esto, sobre todo si tienes audífonos que aíslen el sonido externo.

La clave es que escuches música que te ayude a relajarte y concentrarte.

Algunos pueden encontrar muy útil la música clásica, mientras que otros prefieren el jazz tranquilo.

5) **Antes de empezar tu tarea pendiente, toma en cuenta cómo te premiarás cuando la termines.** Ya sea un café de Starbucks, una caminata o la compra de un artículo que llevas rato queriendo comprar, una vez que decidas cuál será tu recompensa, tenla siempre en mente para empezar felizmente con tu tarea. Es probable que la termines antes de lo pensado debido a tu entusiasmo por la recompensa. Hay una razón por la que hemos recomendado tanto el uso de recompensas en esta guía, y es porque funciona.

6) **Revisa la temperatura de la habitación.** Intentar concentrarte en un entorno que es demasiado frío o caluroso puede ser todo un reto.

Estudios recientes han encontrado que las personas tienden a ser más productivas y a cometer menos errores cuando la temperatura de su ambiente está entre los 20 y 25°C. Otros sugieren que la temperatura ideal son los 22°C. Si no tienes manera de controlar la temperatura, puedes usar capas extra o un ventilador.

7) **Haz garabatos.** Aunque no lo creas, puedes mejorar tu concentración si dibujas algunos garabatos. Estudios han mostrado que dibujar garabatos ayuda en el rendimiento cognitivo y la memoria. Parece estabilizar la excitación a un nivel ideal, lo cual ayuda a mantener a la gente despierta o a reducir sus niveles de aburrimiento.

En síntesis, todas estas son grandes formas de mejorar tu poder de concentración para realizar tareas pendientes, ya sea en el trabajo o en el hogar. No solo las completarás, sino que las podrás disfrutar.

Te sentirás confiado y, sobre todo, rodeado de felicidad y júbilo. ¿Qué mejor manera de hacerte sentir así, que siendo productivo?

CAPÍTULO 9: CONSEJOS RÁPIDOS PARA NO DESPERDICIAR TU TIEMPO

Si simplemente estás buscando formas de ser más productivo y manejar tu tiempo de forma más eficiente, aquí hay algunos consejos que puedes aplicar de inmediato:

- No le digas que sí a todo. Prioriza tus pendientes y sé selectivo cuando digas que sí a las solicitudes de otra gente.

- Conviértete en un fanático de organizar tu tiempo eficazmente.

- Planea tu agenda para mañana hoy mismo.

- Empieza con el final en mente, y sé claro con lo que quieres lograr.

- Mantén las conversaciones ociosas al mínimo.

- Reserva un tiempo específico para tu familia y amigos.

- Escribe las cosas en lugar de intentar recordarlas.

- Fija períodos de tiempo para actividades y tareas particulares.

- Ten claridad en cuanto a qué acción específica necesitas tomar, y si no necesitas tomarla, entonces no la hagas.

- Ve el tiempo como dinero, y evita desperdiciarlo. Si tu tiempo fuera dinero en el banco, querrías que cada segundo valga la pena.

- Recuerda que no puedes comprar el tiempo de vuelta.

- Evalúa tus propios hábitos. ¿Hasta qué punto le permites a otros desperdiciar tu tiempo?

- Pregúntate a ti mismo si realmente necesitas ir a esa reunión.

- Intenta hacer las cosas bien a la primera.

- Deja de ser reactivo y comienza a ser proactivo.

- Adopta una mentalidad que diga "Tengo el control, "Puedo hacer cambios y tomar decisiones que impacten mi vida positivamente".

- Crea una visión de ti mismo que te ponga en el centro de manejar eso que te hace perder tiempo en tu vida.

- Rodéate de gente con mentalidades similares con relación a cómo valoran tu tiempo.

- Ten reuniones en las oficinas de las otras personas, de este modo puedes marcharte fácilmente cuando lo consideres necesario.

- Ponte de pie durante las reuniones.

- Prepárate con anticipación para las reuniones, de este modo serán más eficientes.

- Ten una agenda clara y medida para tus reuniones.

- Delega tareas como consideres apropiado. Si no eres la persona que necesita hacer una tarea, entonces no la hagas.

- Di que no según consideres necesario.

- Para manejar tus niveles de frustración, reserva un tiempo adicional alrededor de tus actividades programadas. Pero mantén las actividades no programadas al mínimo.

- Mantente concentrado en la actividad del momento, y serás más propenso a completarla más eficiente y efectivamente.

- Adopta una actitud mental positiva. Aunque tengas demasiadas cosas que hacer, la forma en que las realices te ayudará a disfrutarlas más.

- Crea un mantra para ti mismo en el que todos los días te repitas cómo usarás tu tiempo sabiamente.

- Descubre cómo maneja su tiempo la gente ocupada y exitosa e imítalos.

- Desarrolla una estrategia para eliminar el estrés en tu vida; recuerda que el estrés puede llevar a la procrastinación y por lo tanto a desperdiciar tu tiempo.

- Usa tus trayectos para leer.

- En el trabajo, mantén tiempos específicos de "puerta abierta"; de lo contrario, mantenla cerrada.

- Administra tus llamadas dejando que tu contestadora trabaje por ti.

- Habrá tiempos en los que "alejarte de todo" será la mejor manera de concentrarte y completar tus tareas de forma eficiente.

- ¿Cuánto tiempo has pasado buscando algo que creías perdido? Mantener todo ordenado y en su lugar te ahorrará mucho tiempo.

- Aconseja a las personas para que usen tu tiempo más sabiamente.

- No te concentres en problemas ajenos; puede que las personas se vuelvan dependientes de ti y te dejen sus problemas para que tú resuelvas.

- Apoya a las personas para que hagan las preguntas correctas y puedan concentrarse en sus problemas para buscar una solución.

- Sé creativo, intuitivo e innovador al administrar tu tiempo.

- Evalúa constantemente qué tan eficiente eres en la administración de tu tiempo.

Conclusión

Nadie tiraría un billete de 100 dólares a la basura, pero muchos de nosotros desperdiciamos 2 o más horas de nuestras vidas sin siquiera pensarlo. En este mundo moderno, si no somos muy conscientes de nuestro tiempo, este nos será quitado y quedaremos en desventaja, sin mucho que podamos hacer al respecto.

La administración del tiempo es una habilidad crítica para tu éxito profesional y personal. El tiempo es un recurso no renovable y único. Nunca podremos recuperar el tiempo que hayamos desperdiciado.

Espero que esta guía te haya ayudado a tener un mejor control sobre tu tiempo, para que puedas lograr todo lo que te propongas en esta vida.

La vida nos pone varias decisiones de frente todos los días, y depende de nosotros hacer lo que conscientemente consideremos mejor, en lugar de seguir la corriente.

Recuerda que al principio puedes sentirte desalentado al ver el poco efecto que tendrán tus acciones, pero un gran cambio empieza con un pequeño paso. Cada logro significativo le debe mucho a los cimientos que lo precedieron.

CPSIA information can be obtained
at www.ICGtesting.com
Printed in the USA
BVHW041447190620
581884BV00009B/101

9 781646 941216